不一样的科学

韩国环境部选定优秀科普图书　**WHAT?**

智能电器是怎么工作的?

〔韩〕姜伊墩 / 著　〔韩〕朴在炫 / 绘　金海英 / 译

北京科学技术出版社

作者的话

小朋友们有没有听说过智能手机、智能电视机呢？

智能手机和智能电视机都是近年来人们经常说的智能电器。

智能电器就是指人们可以根据个性需求定制某些功能的电器。

同一台智能电器，使用者不同，使用方法可能完全不同。

智能电器的发展拥有无穷无尽的可能性！

智能电器究竟有什么功能？它们能够做哪些事情呢？

它们对我们的生活又会产生怎样的影响呢？

随着智能电器技术的发展，我们的生活又会发生什么样的变化呢？

让我们一起在这本书中寻找答案吧！

姜伊墩

智能手机能够做些什么？

智能手机可以根据使用者的需求定制功能。

同一款智能手机，

用对了就是智能手机，

用错了就会变成傻瓜手机。

Smart Phone

"儿子，爸爸回来了！"

爸爸刚进门就递给成成一个盒子。

"给，这就是最近流行的智能手机！"

"哇，真的吗？爸爸，咱们快打开看看吧！"

成成的心怦怦直跳！

盒子里静静地躺着一款崭新的智能手机。

爸爸把手机拿在手中，说：

"好，我要开机了！"

"丁零零，啪啦啦！"

成成仔细观察手机屏幕上的画面。

真是好奇怪呀！

画面上并没有什么好玩或者特别的东西，

只有一些五颜六色的图标*。

"什么嘛，跟我的手机差不多啊。"

*图标：手机屏幕上用来表示指令项目的文
字或符号。一般用光标、触控笔选中图标
下达指令。

成成对着智能手机大喊：

"世界上最大的游泳池！"

智能手机没有任何反应。

于是，他又将手机上的摄像头对准了电视机。

不久前，成成在一个广告中看到，

一个人将智能手机的摄像头对准一件商品后，

手机屏幕上立刻显示出该商品的所有信息。

但是，成成手里的智能手机的屏幕毫无变化。

"爸爸，广告里不是说智能手机有好多神奇的功能吗？

为什么这款手机一个都不能实现呢？"

"呃，是啊……"

爸爸也不知道到底是怎么回事。

成成看着漂亮的新手机，

失望地撇了撇嘴，说：

"什么嘛！

还号称智能手机呢，

其实就是没用的傻瓜手机！"

这天晚上，成成躺在床上用自己的手机玩游戏。

"啊，啊！太棒了！啊，糟糕！"

他正玩得不亦乐乎，手机画面突然开始闪动，

看来是电池快用完了。

"哎呀，人家玩得正开心呢！"

成成一边嘟哝一边极不情愿地退出了游戏。

正在沮丧万分的时候，他忽然想到了爸爸的智能手机。

"用它玩游戏总可以吧？"

成成偷偷去客厅拿来了爸爸新买的智能手机。

"这里面会有什么游戏呢？"

成成正拿着手机乱鼓捣，

手机突然一震，屏幕上闪过一道亮光，

吓得他一下子把手机扔到了地上。

这时，一件特别奇怪的事情发生了。

嗡——嚓嚓——嚓咔——嚓咔咔！

智能手机就像电影里的变形金刚一样，

竟然咔咔作响地开始变身了。

"草草变身完毕！"

更令人不可思议的是，变成机器人模样的智能手机
居然开口说话了。它生气地质问成成：

"喂，刚才管我叫傻瓜手机的就是你小子吧？"

"啊？哦，那什么……可，你，你是谁啊？"

"我的名字叫草草，聪明的智能手机就是我。

我说，你懂不懂什么叫智能手机啊？"

"哦，我猜是——聪明的手机，对吗？"

"哼，你真是个只会开机的傻瓜啊！

好好看着，智能手机就是……"

草草抖了一下身子，屏幕上立刻出现了几行字。

"如果说你自己现在用的手机是掌中小手机，
那么我就相当于掌中小电脑。"
"什么？电脑？你这么小，怎么可能是电脑呢？"
"我虽然个头小，却是名副其实的电脑哦。你看！"
草草拿手碰了一下自己的身体，
屏幕上又出现了各种各样的图标。

图书　　　　商业　　　　教育

"刚买来的电脑里只有基本的程序，
几乎没有其他的应用程序，
大家会根据自己的需求下载不同的应用程序。
智能手机也是一样的道理，
开始的时候里面只有基本的程序，
使用者会根据自己的需求和喜好
下载更多个性化的应用程序。

"应用程序多种多样，
智能手机的功能也会有所侧重。
至于具体的功能嘛，就要由使用者自己来选择了。"
同一款智能手机，
用对了就是智能手机，
用错了就会变成傻瓜手机。
一句话，智能手机就是定制手机。
"所以说，要想让我成为真正的智能手机，
你这个主人得先变聪明才行啊。"

具有相同用途的应用程序，开发者不一样，表现形式也会有所不同。比如，同样是提供公交线路信息的应用程序，由于开发人员不同，它们的画面设计、查询方式等会有所区别，甚至完全不同。

哪儿不一样啊？

"知道了，知道了……"

成成看着草草，脸上突然露出淘气的笑容。

"嘿嘿……你刚才说自己是电脑，对吧？"

"嗯。怎么了？"

成成突然抓住草草的手说：

"草草，我想玩一局'瓜里豆豆'，

这是我最喜欢玩的电脑游戏，

可是用我自己的手机不能玩。"

草草吓了一跳，大声抗议道：

"什么？喂，等等！我是手机，手机呀！"

"你刚才不是说自己是电脑吗？"

"我是具有电脑功能的智能手机，

跟电脑并不完全一样。"

成成不高兴了，撅着嘴说：

"连个游戏都不能玩，你算什么电脑啊？

我看，你也只是手机而已嘛。"

草草的脸一下子变红了。

"你说得不对！

我可以自由搜索无线网络上网，

可以收发邮件、写博客和微博，

可以像电脑一样轻松地编辑照片和动画，

还可以预订电影票和剧场的座位呢。"

可是，成成对这些事情丝毫不感兴趣。

"但你还是不能玩游戏啊！"

草草郁闷地摇了摇脑袋，嚷嚷道：

"喂，你这个大傻瓜！谁说不能？能，能玩！"

草草解释说："只不过，我不能用和电脑一模一样的程序。
你要是想用我玩游戏，
就得先下载智能手机专用的游戏程序。"
草草一抖身体，屏幕上便出现了"应用程序商店"的网页。
"什么是应用程序商店啊？"

WHAT?

用智能手机浏览网页使用的是什么网络呢？

（答案在第 37 页。）

"你可以在这个商店里在线买卖智能手机的应用程序——
可以购买自己想要的应用程序，
也可以把自己设计的应用程序卖给他人。"

听到这儿，成成一脸泄气的表情。

"可是我没钱……"

"别担心，有些应用程序可以免费下载。"

有趣的科学知识

　　人们在应用程序商店里可以买到各种各样的应用程序。就像市场里摆摊售卖的东西一样，这些应用程序被一一陈列出售。人们在这里闲逛，遇到自己需要的应用程序就购买。此外，还有一部分应用程序是可以免费下载的。在这里，大家可以找到游戏、天气预报、生活信息、新闻、漫画等领域中五花八门的应用程序。

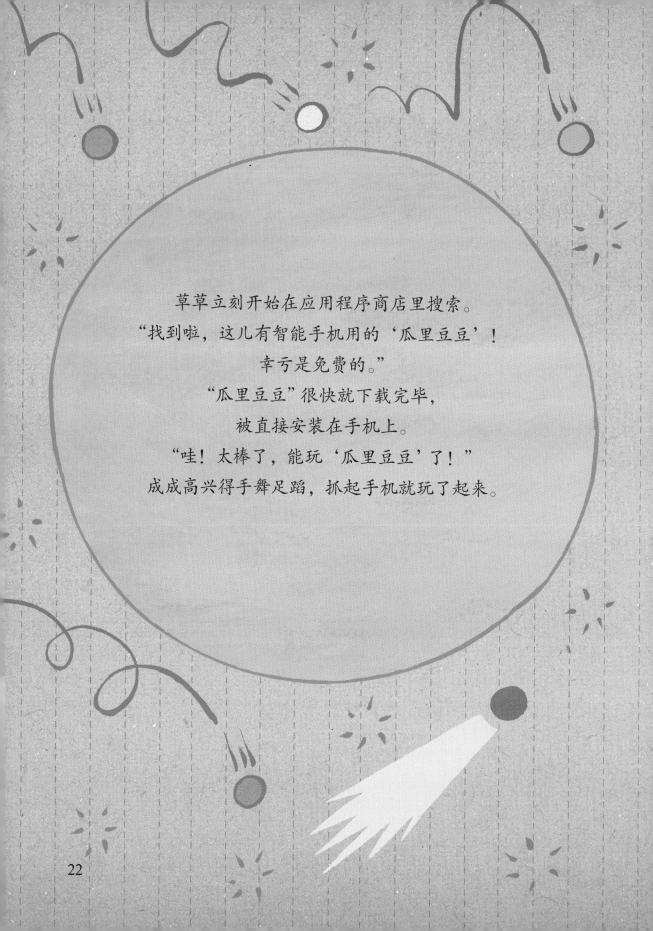

草草立刻开始在应用程序商店里搜索。
"找到啦，这儿有智能手机用的'瓜里豆豆'！
幸亏是免费的。"
"瓜里豆豆"很快就下载完毕，
被直接安装在手机上。
"哇！太棒了，能玩'瓜里豆豆'了！"
成成高兴得手舞足蹈，抓起手机就玩了起来。

"哔哔！砰砰！"

成成玩得十分投入。

虽然游戏画面很小，

但是玩起来的感觉和电脑一样。

"哇！真的很神奇！

有了智能手机，我就可以随时随地玩游戏啦！"

23

"你是不是很讨厌学习啊？
应用程序还可以帮助你学习呢！"
"学习？真的？用智能手机还可以学习？"
"当然了！它可不是只能用来玩游戏哦。
用智能手机不仅可以学习，
还可以做很多别的事情呢，
前提是你要找到正确的应用程序。
我来给你好好讲讲用智能手机能够做些什么吧。"
成成越听越觉得好奇：
"智能手机真的能做很多事情吗？"

草草打开了一个新网页。

"在这里自由交谈的不是只有韩国人哦，

全世界的人都可以来这儿聊天。

大家可以写下自己的想法，

还可以给别人留言。

在这儿你不仅可以和熟人谈天说地，

还可以和陌生人聊天，甚至成为朋友！"

成成半信半疑地问：

"那我可以跟明星或者外国人说话吗？"

"当然可以！只要有智能手机，

你就能随时随地和自己感兴趣的人聊天。"

有趣的科学知识

　　智能手机的一个重要功能就是社交网络服务。社交网络服务是指可以让人们在网络上确立社会关系、交往互动的服务，英文缩写为 SNS。推特（Twitter）、脸谱（facebook）等网站都提供社交网络服务。

"智能手机还可以找到你现在的准确位置呢。"

屏幕上出现了一张地图，

成成家所在的位置上有一个蓝色的圆点。

"咦，这儿不是我们家吗？你是怎么知道的？"

"这就要借助 GPS（全球定位系统）的力量了。"

GPS 是利用人造卫星在全球范围内进行定位和导航的系统。

"你见过你爸爸车上的导航仪吧？

你爸爸开车的时候，导航仪会告诉他要走的路线。

导航仪通过内部的 GPS 和人造卫星连接之后，

就会收到查询目标的位置信息。"

智能手机里也安装了 GPS，

所以它能显示手机主人所在的位置。

有趣的科学知识

用智能手机可以轻松地找到使用者所在的位置或者想去的目的地，这种功能就是基于地理位置的服务，英文缩写为 LBS。LBS 通过 GPS 获得使用者的位置信息，从而为使用者提供相关的服务。GPS 多用于汽车导航仪。

草草笑了笑，接着说道：
"给你看看更厉害的吧。"
草草动动手指，
点开了一个应用程序。
"打开窗户，
将摄像头对准夜空试试看。"

成成将智能手机的摄像头对准天空，
屏幕上立刻出现了许多星座，
连第二天的天气信息都显示在上面了。
"咦，这是什么？"
草草得意地回答道：
"将智能手机的摄像头对准书的封面，
就能看到书的定价和别人写的读后感。
对准某个店铺的话，还能看到它的名字和电话号码呢。
怎么样，智能手机是不是无所不知呀？"
成成佩服地望着草草：
"你真的好聪明啊！太厉害了！"
"那还用说！"

　　将智能手机的摄像头对准某个对象，就能知道其名字和相关信息。比如，对准某个店铺就可以知道它的电话号码和地址，对准某件商品就可以知道它的价格和销售地址。像这样为使用者提供所需要的附加信息的功能就属于增强现实（Augmented Reality）。

世！界！上！最！大！

的！游！泳！池！

"对了，你之前不是对着我喊'世界上最大的游泳池'吗？"
"嗯。广告里面说只要说出来就能搜到，
可是你当时毫无反应啊。"
"成成，那是因为你没有开启'声控功能'。
来，现在你再试试！"
声控功能就是指人说出来的内容
通过麦克风传到语音识别系统后，
被自动认知并处理的功能。
成成一个字一个字地对着草草大喊：
"世界上最大的游泳池！"
"哎呀，我的耳朵都快被震聋了！
你小点儿声我也能听懂。"
草草示意成成注意看屏幕，
"世界上最大的游泳池"的检索结果显示出来了。
"这种声音识别对我来说简直就是小菜一碟哦！
我可以听懂你说的所有话，
还可以帮你写短信和邮件呢。"

"怎么样，现在你了解智能手机了吧？"
一想到自己刚才还说它是傻瓜手机，
成成就觉得很不好意思。
"嗯，智能手机真的是无所不能呀。
啊——，我有点儿困了……"
成成打了一个长长的哈欠。
"我这儿还有一个能帮你进入梦乡的程序哦。"
草草启动了一个应用程序，
顿时一组富有节奏感的低音响了起来——

嘟嘟，嘟，嘟嘟嘟，嘟嘟，嘟，嘟嘟嘟。

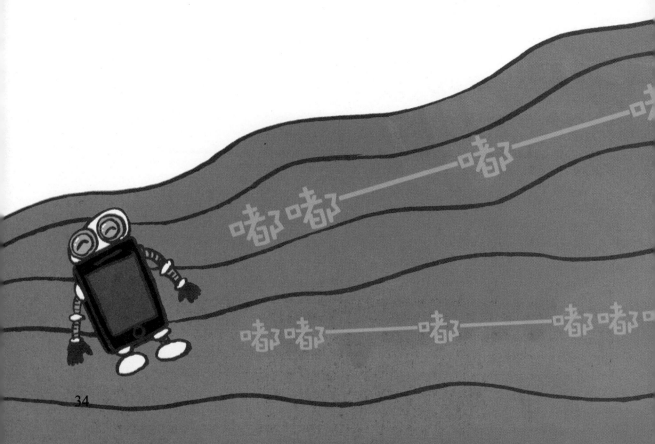

成成感到睡意越来越浓，
不知不觉就闭上眼睛进入了梦乡。
草草在一旁轻声低语：
"晚安，成成。"

智能手机真的像一台小电脑吗?

最近,智能手机的人气越来越高。我们可以用它做很多事情——不仅可以用它看自己喜欢的漫画、电视、新闻和图书,还可以用它上网、玩游戏。小小的智能手机,怎么能做这么多事情呢?

这全靠智能手机内置的操作系统(OS)。我们刚买的电脑里面通常都安装了Windows,这就是操作系统,它可以帮助我们方便、有效地使用电脑。

智能手机同样内置了操作系统,它可以帮助我们安装所需的应用程序,让我们根据需求来设置使用环境。

生产商不同,智能手机所采用的操作系统也会不同。比较有代表性的操作系统有Symbian OS(诺基亚)、Palm OS(摩托罗拉)、Windows Phone7(微软)、BlackBerry OS(RIM)、Android(谷歌)、iOS(苹果)等等。

▶ 可以帮助搭配服装的应用程序(左)和可以浏览所在地周边地图的应用程序(右)

▶ 能用智能手机的摄像头"照"出附加信息的增强现实技术

　　但是，如果只有操作系统而没有应用程序，智能手机也显不出它神通广大。只有在操作系统所打造的平台上运行各种各样的应用程序，智能手机才能发挥它的奇妙功能。

　　今后，智能手机会让我们的生活变得越来越便利。我们可以更加有效地管理日程，可以检索各种信息、预订电影票和剧场的座位，可以方便、快捷地上网浏览新闻、玩游戏、欣赏音乐和电影，还可以准确地找出自己所在的位置和前往目的地的路线，随时收发电子邮件、短信、图片等就更不在话下了。小巧聪明的智能手机，真的相当于一台掌中小电脑哦！

WHAT？ 答案

用智能手机浏览网页使用的是无线网络。

智能手机采用的是无线上网技术，所以使用者才能一边走路一边上网。

智能电视机是什么样的电视机？

智能电视机也像智能手机一样需要安装应用程序哦。

要想让智能电视机具备各种功能，

得先下载智能电视机专用的应用程序才行。

"成成，快起来上学！"

早晨，还在睡梦中的成成被妈妈大声叫醒了。

"啊，上学！"

成成一骨碌爬起来，慌慌张张地跳下床。

胡乱吃了几口早饭后，他抓起书包冲出了家门。

"妈妈，我走了！"

在上学的路上，成成一直在想一件事情。

他和小宇约好了，今天放学后一起去小宇的爷爷家。

小宇的爷爷是一位不折不扣的尝鲜者*。

"听说爷爷新买了一台电视机，不知道是什么样的。"

一放学，成成就和小宇跑到了爷爷家。

*尝鲜者：尝鲜者是指率先使用新产品的人。

小宇的爷爷看到他们俩很高兴。

"孩子们，欢迎你们来到智能世界！"

刚一进门，成成就被眼前的东西惊得合不拢嘴。

"哇，这些是什么呀？"

"呵呵！那是最新上市的3D（三维）游戏机，那是平板电脑，这是限量版数码照相机。"

最引人注目的还是挂在墙上的一台大电视机。

爷爷站到电视机前面自豪地说：

"这就是我要隆重介绍的智能电视机哦。"

有趣的科学知识

　　平板电脑是可以用触控笔或手指在触摸屏上操作的便携式个人电脑。2010年，美国苹果公司推出 iPad 后，平板电脑立刻风靡全世界。它没有键盘和鼠标，又薄又轻，非常适合随身携带。一般的平板电脑采用的是智能手机常用的操作系统，所以耗电量比笔记本电脑少，用相同的电池可以工作更长的时间。当然，在平板电脑上不能进行普通台式电脑或笔记本电脑能够完成的复杂的操作，但是它小巧轻便，可以随时随地搜索网页、储存重要内容，也可以轻松浏览电子书、玩游戏和运行多媒体。美国苹果公司的 iPad、韩国三星电子的 Galaxy Tab、加拿大 RIM 公司的 BlackBerry Playbook 都是很有代表性的平板电脑。

爷爷对着智能电视机说道：

"开机！"

智能电视机自动打开了。

成成兴奋得一个劲儿地拍手。

"这是声控功能！

爷爷，这个功能智能手机也有哦！"

"哟，成成懂得还真不少呢！

没错，智能电视机像智能手机一样

能够听懂人说的话。"

WH T?

智能电视机能够听懂爷爷说的话，这是使用了什么功能呢？

（答案在第 61 页。）

45

"智能电视机还可以听懂频道号呢。"

"真的吗?"

爷爷哈哈大笑,说道:

"当然了。你看! 7频道!"

爷爷的话音刚落,

智能电视机的频道就换到了7。

小宇和成成都惊呆了。

"我也要试试！125 频道！"
看到小宇大声喊出了频道号，
成成也不甘示弱，喊道：
"我要 11 频道！"
智能电视机接连执行了他们的两次命令。
"哇，真的好神奇啊！
智能电视机居然能够听懂我们说的话。"

这时，爷爷走过去拿起了遥控器、鼠标和键盘。
他一按遥控器，
电视机上的新闻画面立刻变小了，
屏幕上出现了一个网页。
"你们瞧，智能电视机也能
像电脑和智能手机一样上网呢。"
"哇，看电视的同时还可以上网，
真是太不可思议啦！"
成成和小宇激动得又蹦又跳。
"爷爷，我们可以用智能电视机玩游戏吗？"
"当然可以。"
爷爷按了一下遥控器的按钮，
智能电视机的屏幕上立刻出现了网球游戏的画面。
然后，爷爷给了他们俩每人一个遥控器。
"喏，就把这个当做网球拍，你们握在手上，
看到网球弹过来就冲它挥一下。"

"叮叮！嘀嘀叮咚！"
成成和小宇紧紧握住遥控器，
一看到画面上的网球飞向自己，
就使劲往前挥"拍"。
"爷爷，太棒了！太好玩了！"
两个人才打了一会儿，
就已经累得满头大汗了。
"怎么样，有了智能电视机，
就不需要电视机、电脑和游戏机了吧？
现在说说看，你们喜欢看什么电视节目啊？"

成成和小宇异口同声地回答爷爷：
"闪亮宇宙特工队！"
爷爷拿起无线键盘，
输入"闪亮宇宙特工队"几个字，
电视屏幕上立刻出现了一份长长的节目单，
上面列出了迄今为止这部动画片已经播出的每一集。
"智能电视机可以轻松搜索你想看的电视节目，神奇吧？
再说说，你们还想看什么啊？"

成成觉得眼前的一切太新鲜了，
他原来以为智能手机是无所不能的，
现在看来，智能电视机更加神奇、更加先进。
"爷爷，智能电视机怎么这么厉害啊？"
爷爷微笑着耐心解释道：
"因为智能电视机就是'聪明的电视机'啊。
它集电视机、电脑和游戏机的功能于一体，
还增加了很多其他功能，是一种'万能电视机'。"
为了实现各种功能，智能电视机和智能手机一样
也需要安装适用的应用程序哦。
我们可以根据自己的需求和喜好，
下载智能电视机专用的各种应用程序。

智能手机

智能电视机

有了我，就不需要电视机了。

有了我，就不需要手机了。

哼，我还可以让人上网冲浪呢。

这有什么稀奇的！我还可以让人随时欣赏自己喜欢的节目呢。

嘿嘿，但是你不方便移动，而我可以随身携带啊。

你这小不点儿！像我这么大，看起电影来才过瘾呢。

"智能电视机和智能手机似乎很相似，

可以说智能电视机就是大型智能手机吗？"

"不能，智能电视机和智能手机还是不一样的。

如果说智能手机是具备电脑功能的手机，

那么智能电视机就是具备电脑功能的电视机。

它们都可以上网，

都有很多方便实用的功能。

但是，智能手机体积小，智能电视机体积大。

智能手机因为要方便携带，所以零部件都特别小。

而且，它用的是电池，所以耗电量也必须小。

智能电视机体积大，而且不用担心耗电量大，

所以它可以装配更多的零部件，

从而实现更多的功能。"

有趣的科学知识

　　智能手机和智能电视机的根本区别在于"大小"。智能手机为了便于携带而采用了较小的零部件，又因为使用电池，所以需要尽量控制耗电量。智能电视机不需要随身携带，可以装配较大的零部件，所以体积大，而且它是连接电源使用的，不用担心耗电量大。这样看来，智能电视机能够拥有比智能手机更加丰富的功能。

爷爷向小宇招了招手。

"小宇，上次爷爷给你买的智能手机呢？拿出来看看。"

爷爷接过小宇的智能手机，

对着智能电视机按了一下按钮。

智能电视机屏幕上的画面竟然变了！

成成和小宇再次大吃一惊。

"哇，智能手机还可以当遥控器用吗？"

"是啊。我给你们看更好玩的！"

爷爷接着又是一按，

屏幕上立刻出现了成成和小宇

学蜡笔小新跳屁屁舞的情景。

“哦啦哦啦，哦啦哦啦！”

这是他们两个人昨天在学校淘气地跳屁屁舞时

被同班的小朋友用智能手机拍下来的。

可是，用巨大的智能电视机来看这个

也太难为情了。

“啊，真丢人。爷爷，快关了吧！”

“哈哈，储存在智能手机里的动画、音乐和照片

都可以用智能电视机来看哦。怎么样，了不起吧？”

就在这时，智能电视机的屏幕突然一闪，

出现了一位外国人的身影。

"嗨，你好！近来一切都好吗？"

"好久没见啦，我很好，你呢？"

爷爷用智能电视机和远在美国的朋友聊起天来。

成成和小宇在一旁兴致勃勃地看着。

爷爷结束视频通话后，成成感叹道：

"爷爷，智能电视机真是什么事都能做啊。

比起它来，普通的电视机太没劲了。"

"哈哈，智能电视机的技术还不够完善呢。

现在的它，就像一个婴儿，

不知道长大以后会成为一个什么样的人。

目前，谁都无法预测智能电视机今后的发展。

不过爷爷相信，它肯定会成为又聪明又便利的电视机。"

成成点了点头。

"希望智能电视机赶紧长大成人！"

智能电视机今后会有什么发展呢？

▶ 智能电视机的各种应用程序图标

虽然目前智能手机的人气在智能电视机之上，但是今后智能电视机会被越来越多的消费者接受和使用。随着技术的发展，它会变得更加聪明和便利。

智能电视机普及以后，我们可以收看世界各地的电视节目，可以通过智能电视机和世界各个角落的人自由对话，还可以玩角色扮演游戏、团体休闲游戏……啊，光是想一想就让人特别开心！同时，适用于智能电视机的遥控器也会被开发出来。现在，无线键盘、无线鼠标和声控功能都是最基本的配置，以后还会出现由行为动作控制的3D空中鼠标或遥控器呢。

还不止这些。以后，智能电视机会和更多的家用电器结合在一起，使它们使用起来更加方便、快捷。除了音乐播放器、电脑、手机，电磁炉、洗衣机、电冰箱等家用电器也会被整合进来。想想看，你可以坐在客厅里一边看电视一边操作洗衣机，让机器人来打扫房间……

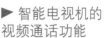

▶ 智能电视机的
视频通话功能

　　为了实现各种功能，智能电视机也需要像智能手机一样安装适用的应用程序。目前这类应用程序的数量还不是很多，但是相信在不久的将来，大家就可以在应用程序商店里自由挑选自己喜欢的应用程序并下载到智能电视机上使用了。将来不光有智能手机和智能电视机，还会有智能汽车、智能飞机、智能吸尘器、智能机器人等。我们的生活会越来越便利，越来越智能化。怎么样，大家是不是很期待呢？

▶ 挂墙式家庭网络系统的触控屏幕（这种
系统具备门禁、视频通话、上网冲浪、电
视机等多种功能）

WHAT? 答案

智能电视机能够听懂爷爷说的话，这是使用了声控功能。

智能电视机和智能手机通过与麦克风连接的语音识别系统来识别和执行人的声音指令。

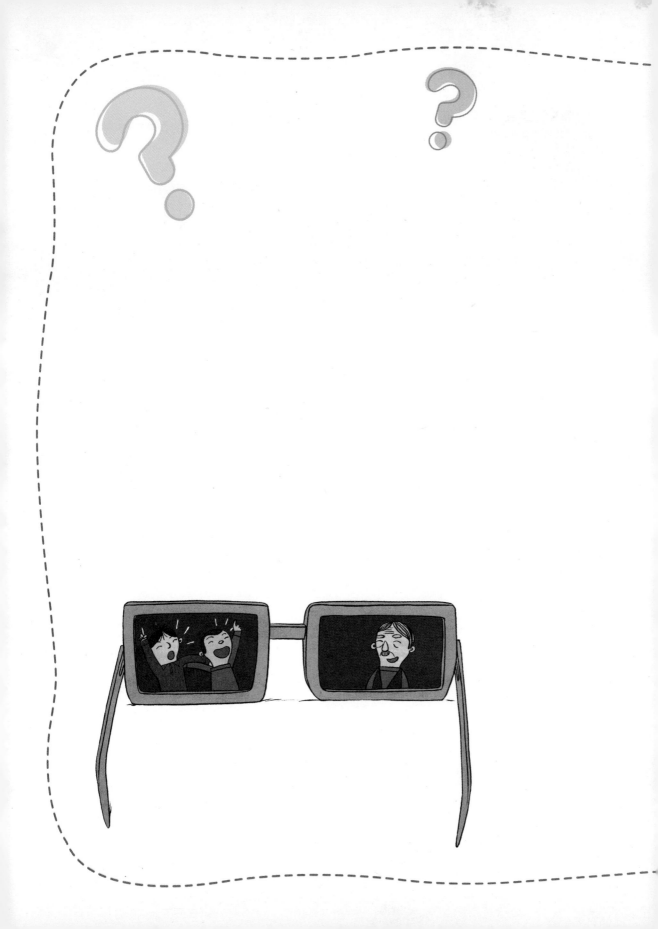

逼真的 3D 影像是怎么形成的？

人的左眼和右眼相距 6.4 厘米左右，
两只眼睛从不同的角度看到的物体
会产生距离上的细微差异，
存在差异的图像在大脑中合成后，
会形成一个立体的图像。

"孩子们，快点儿坐好，
爷爷让你们见识见识更神奇的东西！"
小宇的爷爷拿出两副奇怪的眼镜，
分别交给成成和小宇，让他们戴上。
小宇歪着头，好奇地问爷爷：
"爷爷，这种怪怪的眼镜是干什么用的？"

爷爷只是微微一笑，并不回答。

"你们先戴上眼镜吧，我们来看一部有趣的电影。"

爷爷按了一下遥控器上的"开始"按钮，

然后也戴上了一副怪怪的眼镜。

电影开始了。

成成和小宇吓得一齐大叫起来：

"哇，爷爷！画、画面怎么是凸出来的？"

"啊啊！恐龙扑过来了！"

爷爷哈哈大笑。

"这就是 3D 电影。来，你们摘下眼镜试试。"

两个人听爷爷的话摘下了眼镜。

刚刚还生动逼真的画面，
现在却变得模糊不清。
成成和小宇百思不得其解。
"爷爷，好奇怪啊！恐龙又跑回电视机里去了。"
"画面太模糊了，根本看不清！"
看着两个孩子困惑的样子，
爷爷脸上露出了顽皮的神情。
"现在你们再戴上眼镜试试。能看清了吧？"
果然，戴上眼镜后画面又变成清晰、立体的了。

2D

看完电影后，

成成和小宇迫不及待地问了爷爷一大堆问题。

"爷爷，为什么只有戴上这种怪怪的眼镜

才能看到立体画面呢？"

"为什么摘掉眼镜以后会感觉画面在抖动呢？"

爷爷拿出一张纸，画了一只船。

有趣的科学知识

　　纸张可以看做平面，平面是二维的，也就是我们常说的 2D。而像纸箱子这种立方体是三维的，我们称之为 3D。小朋友上课的教室就像一个超级大的纸箱子，对吧？所以教室是三维的。要是你把教室画在纸上，它就变成了平面上的一幅画，是二维的。

3D

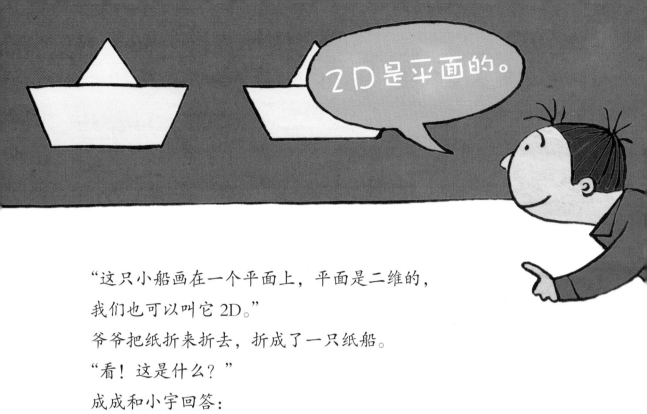

"这只小船画在一个平面上，平面是二维的，
我们也可以叫它 2D。"

爷爷把纸折来折去，折成了一只纸船。

"看！这是什么？"

成成和小宇回答：

"还是一只船啊！"

爷爷笑着摇摇头说：

"同样是船，但是跟刚才那只不一样了吧？

现在它是立体的，也就是三维的，是 3D 纸船。"

成成和小宇终于明白了 2D 和 3D 的区别。

"2D 是平面的，3D 是立体的，对吧？"

"对，没错！"

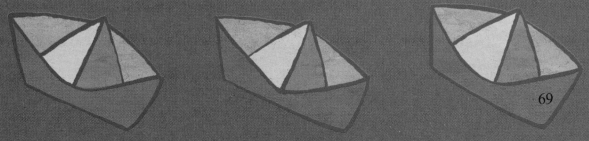

用左眼看

用右眼看

成成和小宇还有一个疑团没解开。

"爷爷，那为什么一定要戴这种眼镜看呢？

不戴它就看不了 3D 电影吗？"

"这个嘛……让我们先来了解一下眼睛的结构吧。"

爷爷用手指了指电视机。

"你们先把左眼蒙上，只用右眼看电视……

现在再蒙上右眼，只用左眼看电视。"

两个孩子按照爷爷说的做了。

"怎么样？看上去画面是一样的，

还是有什么地方不同呢？"

"嗯——看上去有点儿不一样！"

"爷爷，为什么会这样呢？"

WHAT?

2D是平面的，3D是□□的。

（答案在第 77 页。）

71

"人的左眼和右眼相距6.4厘米左右，
所以我们在看同一个物体时，
会因为两只眼睛的角度不同
而感觉物体的位置发生了细微的变化。
两只眼睛看到的图像在大脑中合成后，
会形成一个立体的图像。"
3D影像就是利用这个原理制作的。
在拍摄景物时，用两台摄影机同时拍摄，
通过这种方式来模仿人的左眼和右眼。

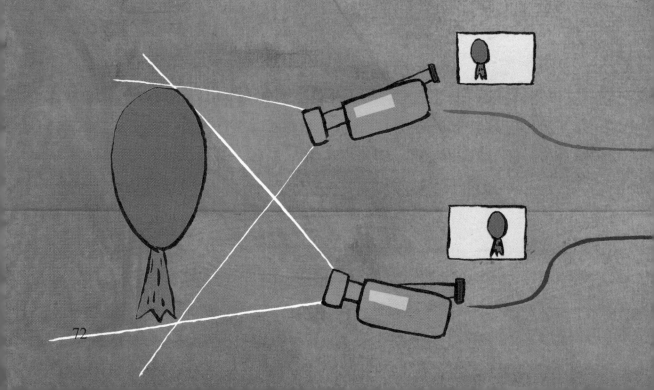

爷爷又指了指怪怪的眼镜说：

"3D 影像只有戴这种特殊的眼镜才能看。
戴上这种特殊的眼镜以后，
左眼看到的是左边的摄影机拍摄的画面，
右眼看到的是右边的摄影机拍摄的画面，
二者在大脑里合成一个画面，
就是我们看到的 3D 影像了。"
3D 电影就是运用 3D 成像技术制作的，
能让观众拥有身临其境的感觉。

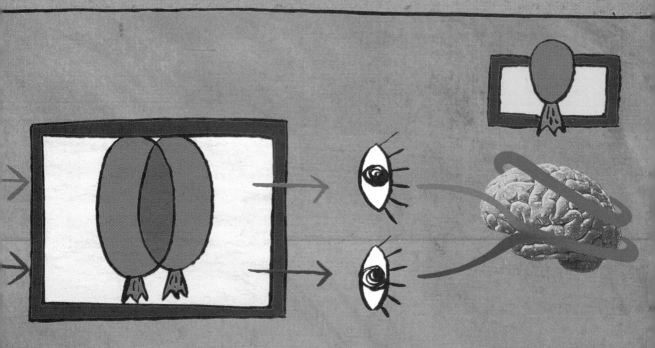

"有没有不戴这种特殊的眼镜就能看的 3D 电影啊？"
"在电影院里，目前还只能戴这种特殊的眼镜观看 3D 电影。
3D 游戏机、3D 电视机和 3D 显示屏播放的 3D 影像
可以不戴这种特殊的眼镜观看，
但是立体效果会差一些。
而且，长时间看 3D 影像的话，眼睛很容易疲劳。
等科学家们研究出更高端的技术以后，
我们在电影院里即使不戴这种特殊的眼镜，
也能尽情地观赏 3D 电影了。"

说完，爷爷看了看表。

"孩子们，时间不早了，

你们该回家了。"

成成和小宇异口同声地说：

"再看一部 3D 电影就回家！"

2D影像可以转换成3D影像吗?

3D电影真的很神奇,能让观众感觉自己好像就在画面里似的。不光是看电影,看3D足球比赛、棒球比赛等,也会感觉自己就像亲临赛场一样。看3D音乐会的时候,会觉得自己喜欢的歌手就在眼前唱歌呢!

那么,可不可以把我们喜欢的2D动画片、电视剧、电影转换成3D影像呢? 当然可以! 把2D影像转换为3D影像时,最关键的就是根据距离感对2D影像进行分区。一起来看看吧!

▶ 3D 影像的制作过程(上面是原来的影像,下面是分割重组后可感觉到距离差异的两幅影像)

(1) 按照不同区域分割2D影像。比如,把房子、树木、太阳、山、人分离出来以后,以房子为基准。

(2) 参照原来的影像,将房子放在左影像(给左眼看的影像)和右影像(给右眼看的影像)中的相同位置上。

（3）比房子远的区域，在右影像中要尽量比在左影像中更靠右。

（4）比房子近的区域，在右影像中要尽量比在左影像中更靠左。

做完之后，把两个画面合成一个画面，这时近处的物体会变亮、变大，远处的物体会变暗、变小。然后，戴上特殊的眼镜，就能看到制作好的3D影像了。目前2D影像转换为3D影像的技术还不是很成熟，所以还不能转换得十分完美。不过小朋友们不用担心，随着技术的发展，今后将2D影像转换成3D影像的过程会变得更加简单，效果也会更加逼真。

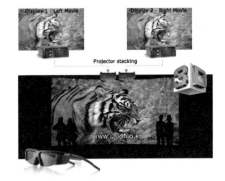

▶ 左影像和右影像合成后就成了银幕上的 3D 影像

WHAT? 答案

2D是平面的，3D是 立体 的 。

2D 是指二维，3D 是指三维。

纸上画的纸船是 2D 的，折叠出来的纸船是 3D 的。

智能电器和 3D 技术

Q. 智能手机有哪三项主要功能呢？

A. 通信功能、电脑功能、照相机功能。
如果说手机是掌中小电话，那么智能手机便是掌中小电脑。

Q. 智能手机应该怎么使用呢？

A. 智能手机要由使用者根据自己的需求下载应用程序后使用。
使用的应用程序不同，智能手机的功能也会不同。
会使用应用程序，就可以用智能手机做很多事情。
不会使用应用程序的话，用智能手机和用普通手机没有任何区别。

Q. 可以在哪里下载智能手机专用的应用程序呢？

A. 可以在应用程序商店里下载。应用程序商店是专门买卖应用程序的网络商店。
在那里，有需要付钱购买的应用程序，也有可以免费下载的应用程序。
应用程序商店里有游戏、天气预报、生活信息等各个领域中的应用程序。

Q. 智能手机为什么能够知道我现在的位置呢？

A. 因为它使用了 GPS 功能。GPS 就是"全球定位系统"，
它能够利用人造卫星找到使用者和查询目标的位置。
汽车上的导航仪就是利用 GPS 指路的。

Q. 平板电脑是什么？

A. 平板电脑是能用触控笔和手指直接在触摸屏上进行操作的便携式电脑。
2010 年，美国苹果公司推出 iPad 后，平板电脑迅速风靡全世界。
美国苹果公司的 iPad、韩国三星电子的 Galaxy Tab、
加拿大 RIM 公司的 BlackBerry Playbook 等都是有代表性的平板电脑。

Q. 操作系统（OS）有什么用呢？

A. 操作系统为应用程序提供了运行环境，确保我们能在智能手机上
下载和安装各种应用程序，自由使用自己所需要的功能。

Q. 智能手机和智能电视机的主要区别是什么？

A. 大小。智能手机需要随身携带，要求体积小，所以零部件要小。
它使用电池，所以要求耗电量小。智能电视机体积大，可以装配较大的零部件。
它不使用电池，所以不用过多地担心耗电量大。
因此，智能电视机的功能比智能手机的功能更加丰富。

Q. 人的左眼和右眼看到的影像有区别吗？

A. 人的两只眼睛大约有 6.4 厘米的距离，所以两只眼睛看同一物体的角度是不同的，
它们看到的物体的位置也就会有细微的差异。

Q. 3D 电影是怎么制作的呢？

A. 人的两只眼睛看到的画面有些不同，它们会在大脑里合成一个立体的画面。
3D 电影就是利用这个原理制作的。3D 电影是由一左一右两台摄影机同时拍摄的，
再同时播放两套画面，把它们叠加在同一块银幕上，
这时观众戴上特殊的眼镜就能看到逼真的立体影像了。

Q. 为什么只有戴上特殊的眼镜才能观看 3D 电影呢？

A. 戴上特殊的眼镜后，左眼便能看到左边的摄影机拍摄的画面，
右眼则能看到右边的摄影机拍摄的画面。
大脑会把这两个画面合二为一，形成 3D 影像。

著作权合同登记号　图字：01–2011–1424

图书在版编目（CIP）数据

智能电器是怎么工作的？／（韩）姜伊墩著；（韩）朴在炫绘；
金海英译．—北京：北京科学技术出版社，2012.6
（不一样的科学）
ISBN 978-7-5304-5770-2

Ⅰ.①智…　Ⅱ.①姜…　②朴…　③金…　Ⅲ.①电器－儿童读物　Ⅳ.①TM5-49

中国版本图书馆CIP数据核字（2012）第031425号

智能电器是怎么工作的？　（不一样的科学）

作　　者：[韩]姜伊墩	绘　　者：[韩]朴在炫
策　　划：王 筝	译　　者：金海英
责任编辑：郑京华	责任印制：焦志炜
出 版 人：张敬德	出版发行：北京科学技术出版社
社　　址：北京西直门南大街16号	邮政编码：100035
电话传真：0086-10-66161951（总编室）	0086-10-66113227（发行部）
0086-10-66161952（发行部传真）	
电子信箱：bjkjpress@163.com	网　　址：www.bkjpress.com
经　　销：新华书店	印　　刷：保定华升印刷有限公司
开　　本：780mm×1050mm　1/16	印　　张：5.25
版　　次：2012年6月第1版	印　　次：2012年6月第1次印刷
ISBN 978-7-5304-5770-2/Z · 1286	

定价：20.00元

西顿动物记

（全10本）

《西顿动物记》风靡世界已有一个多世纪，感动了无数读者。它被誉为"世界上第一本真正的动物小说"，被英国皇家学会评为"世界六大畅销书之一"。时至今日，它依然影响着一代又一代的读者。

本套图书根据《西顿动物记》改编而成，以童话般的叙述方式、拟人化的描写手法以及清新淡雅的插图设计，将原著中迸发出的动人情感刻画得淋漓尽致。

领袖银斑虽然离开了，它的身影却永远留在大家心中；松鸡爸爸特别爱它的孩子们，可小松鸡们还是一个个地离开了；豁豁耳为了保护妈妈和家园，勇敢地与敌人作斗争；小猫吉吉突破艰难险阻，终于过上了自己向往的自由自在的生活；淘气包毛毛经历了风雨之后成为一个负责任的爸爸……

这一个个鲜活的小生命，不仅仅是在展示一个真实的动物世界，更是在指引人类向崇高的生命致敬！

妙趣科学

欧洲儿童百科第一品牌，累计销售超过1000万册

低幼版 12本
儿童版 12本

重磅推出，从这里发现科学之美!

低幼版1

低幼版

　　低幼版共分 2 辑（12 册），包括《动物宝宝》、《各种各样的车》、《我爱颜色》、《来到海边》、《警察故事》、《春夏秋冬》、《神奇的机场》、《植物的秘密》、《参观农场》、《天黑了》、《我们的身体》、《快捷的铁路》。与儿童版相比，低幼版图书的主题和知识点都更富有趣味性，它用幽默的语言、明快的图画和大量精致的小翻页，为孩子们揭开科学的神秘面纱，适合年龄较小的儿童阅读。

低幼版2

儿童版1

儿童版

　　儿童版共分 2 辑（12 册），包括《宇宙》、《地球》、《昆虫》、《卡车》、《身体》、《时间》、《恐龙》、《职业》、《运动》、《夜行动物》、《婴儿的诞生》、《家中的科技》。它以孩子们最喜欢的问题为主线，围绕孩子们感兴趣的机场、铁路、小动物、植物、身体等话题，用故事式语言讲述了大量有趣的知识，通过快乐的场景、鲜艳的插图和大量巧妙的小翻页，带领他们探索世界的奥秘。

儿童版2

北京科学技术出版社